大学物理实验报告

主　编　朱道云　　冯军勤　　吴　肖
副主编　庞　玮　　钟会林　　宋瑞杰
　　　　周述苍　　郭天蔡　　吕　华
　　　　周誉昌
主　审　吴福根

北京大学出版社
PEKING UNIVERSITY PRESS

内 容 简 介

本书是根据教育部高等学校大学物理课程教学指导委员会编制的《理工科类大学物理实验课程教学基本要求》，结合当前物理实验教学改革的实际和编者多年大学物理实验的教学实践经验编写而成的.本书依据《大学物理实验》以及学校的实际情况,编写了共 20 个实验项目的实验报告,内容涵盖了力学、热学、光学、电磁学、声学及近代物理学等相关实验.书中的每一个实验报告均包括实验目的、实验仪器、实验原理、实验操作、实验数据、数据处理、实验体会及创新点等内容.

本书可作为高等院校各类工科专业和理科非物理专业的物理实验教学用书.

图书在版编目(CIP)数据

大学物理实验报告/朱道云，冯军勤，吴肖主编.—北京:北京大学出版社，2020.2
ISBN 978-7-301-31130-1

Ⅰ.①大… Ⅱ.①朱… ②冯… ③吴… Ⅲ.①物理学—实验报告—高等学校—教材
Ⅳ.①O4-33

中国版本图书馆 CIP 数据核字(2020)第 019030 号

书　　　　名	大学物理实验报告
	DAXUE WULI SHIYAN BAOGAO
著作责任者	朱道云　冯军勤　吴　肖　主编
责 任 编 辑	张　敏
标 准 书 号	ISBN 978-7-301-31130-1
出 版 发 行	北京大学出版社
地　　　　址	北京市海淀区成府路 205 号　100871
网　　　　址	http://www.pup.cn
电 子 信 箱	zpup@pup.cn
新 浪 微 博	@北京大学出版社
电　　　　话	邮购部 010-62752015　发行部 010-62750672　编辑部 010-62765014
印 刷 者	湖南省众鑫印务有限公司
经 销 者	新华书店
	787 毫米×1092 毫米　16 开本　8 印张　199 千字
	2020 年 2 月第 1 版　2023 年 3 月第 5 次印刷
定　　　　价	26.00 元

PREFACE 前　言

　　物理实验是一门独立的对高等理工科学校学生进行科学实验基本训练的必修基础课程,是学生进入大学后受到系统实验方法和实验技能训练的开端课程之一,是理工科院校对学生进行科学实验训练的重要基础.物理学是研究科学规律的,而实验是用技术手段来显示规律的,因此,物理实验是科学与技术的结合,而撰写实验报告则是物理实验过程中的重要环节.

　　本书是根据《大学物理实验》(简称"实验教材")编写的.书中的每一个实验报告均包括实验目的、实验仪器、实验原理、实验操作、实验数据、数据处理、实验体会及创新点等内容.其中实验原理部分要求学生课前在理解教材的基础上简述实验原理与设计思想、实验方法与原理相关的电路图、原理框图等.实验操作与实验数据记录是在实验课上完成的内容,课后应按照要求对数据进行处理,数据处理方法涉及逐差法、作图法、最小二乘法、列表法等多种方法.实验体会及创新点是希望学生完成实验及实验报告后对整个实验过程进行总结,简要叙述实验学习的收获,对实验设计提出更加有创意的想法.此外,我们在部分有作图要求的实验报告后附加了坐标纸,以备作图之用.

　　本书由广东工业大学实验教学部大学物理实验中心组织编写,由朱道云、冯军勤、吴肖担任主编,庞玮、钟会林、宋瑞杰、周述苍、郭天葵、吕华、周誉昌担任副主编,参加编写的人员还有陈峻、胡峰、黄小华、牟中飞、杨燕婷、王敏、张战士、张少锋、袁丽芳、林建等老师.本书由吴福根主审.袁晓辉编辑了教学资源,魏楠、苏娟提供了版式和装帧设计方案,在此一并表示感谢.

　　由于编者水平有限,书上的缺点和错误在所难免,敬请读者批评指正.

编　者

2019 年 10 月

CONTENTS 目 录

大学物理实验报告

序号	

_____学院 _____专业 _____班

成绩评定	
教师签名	

学号 _____姓名 _____(合作者 _____)

实验日期 _____实验室 _____

实验预习		实验操作		数据处理	

实验一　　用拉伸法测量杨氏模量

实验报告说明

    1.认真预习实验内容后方能进行实验.

    2.实验前阅读实验教材附录4,学会游标卡尺、螺旋测微器等长度基本测量仪器的使用.

    3.携带实验报告进入实验室,将原始数据记录在实验报告数据表格中.

    4.课后规范、完整地完成实验报告,并及时提交实验报告.

实验目的

实验仪器

实验原理

1. 简述用拉伸法测量杨氏模量的基本原理.

2. 光杠杆放大原理图.

根据光杠杆法测量金属丝伸长量的放大原理图(见图 1-1)做原理分析.

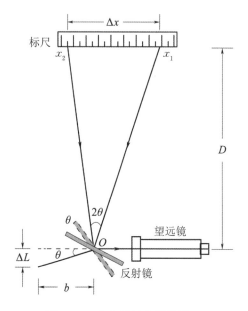

图 1-1　光杠杆放大原理图

3. 杨氏模量的测量公式.

写出杨氏模量与各个直接测量量之间的关系(标明其中各个物理量代表的含义):

$$E =$$

实验操作

认真做好预习,在老师的指导下熟悉实验仪器的操作方法,完成以下实验操作.

1. 光路调整(课后整理).

写出光路调整的主要步骤:

2. 测量过程(课后整理).

写出测量过程的主要步骤:

实验数据

教师签名_____

表 1-1 一次性测量数据

b/cm	L/cm	D/cm

表 1-2 测量直径记录表格   单位:cm

测量次序	1	2	3	4	5	平均值
$d_i - d_0$						$\overline{d} =$
$\lvert (d_i - d_0) - \overline{d} \rvert$						$\overline{\Delta d} =$
$d_0 =$						

注:d_i 是每次的读数值;d_0 是零点值.

表 1-3 观察伸长记录表格

i	m_i/kg	第一次/cm		第二次/cm		平均	$\delta_i = \overline{X}_{i+4} - \overline{X}_i$	$\Delta\delta_i = \mid \delta_i - \overline{\delta} \mid$
		增拉力 X_i^+	减拉力 X_i^-	增拉力 X_i^+	减拉力 X_i^-	$\overline{X}_i$/cm	/cm	/cm
0	2.00							
1	3.00							
2	4.00							
3	5.00							
4	6.00						$\overline{\delta} = \dfrac{1}{4}\displaystyle\sum_{i=0}^{3}\delta_i$	$\overline{\Delta\delta} = \dfrac{1}{4}\displaystyle\sum_{i=0}^{3}\Delta\delta_i$
5	7.00							
6	8.00							
7	9.00							

各测量值结果表示如下：

$\delta = \overline{\delta} \pm \overline{\Delta\delta} =$ _____ $\pm$ _____ cm, $\quad d = \overline{d} \pm \overline{\Delta d} =$ _____ $\pm$ _____ cm,

$L =$ _____ ± 0.1 cm, $\quad D =$ _____ ± 0.5 cm,

$b =$ _____ ± 0.001 cm, $\quad m = 4.00 \pm 0.02$ kg.

上述数据中，如果误差小于仪器误差，取仪器误差. 几种常用量具的仪器误差如下.

米尺： $\quad \Delta_{仪} = 0.1$ cm（本实验 D 夸大为 0.5 cm）.

游标卡尺： $\quad \Delta_{仪} = 0.001$ cm.

螺旋测微器： $\quad \Delta_{仪} = 0.0005$ cm.

数据处理

1.用逐差法处理实验数据，得到金属丝的杨氏模量.

（注：根据杨氏模量的测量表达式和误差传递公式，写出求解过程和结果，注意结果表达的规范，请参考教材绪论部分的相关内容.）

计算杨氏模量算术平均值：

$$\overline{E} = \frac{8\overline{m}gL D}{\pi \overline{d}^2 b \overline{\delta}} =$$

杨氏模量的相对误差：

$$E_E = \frac{\overline{\Delta E}}{\overline{E}} = \frac{\Delta L}{L} + \frac{\Delta D}{D} + \frac{2\overline{\Delta d}}{\overline{d}} + \frac{\Delta b}{b} + \frac{\overline{\Delta\delta}}{\overline{\delta}} + \frac{\overline{\Delta m}}{\overline{m}}$$

$$=$$

绝对误差:
$$\overline{\Delta E} = E_E \cdot \overline{E} =$$

测量结果:
$$E = \overline{E} \pm \overline{\Delta E} =$$

2.用作图法处理实验数据,得到金属丝的杨氏模量的平均值 $\overline{E}$.

(注:用作图纸作图,求出斜率,得到杨氏模量的平均值,图作为附件装订在本实验报告的后面.注意作图要规范,请参考教材绪论部分的相关内容.)

$$\overline{E} =$$

实验总结

大学物理实验报告

序号	

_____学院 _____专业 _____班

成绩评定	
教师签名	

学号 _____ 姓名 _____（合作者 _____）

实验日期 _____ 实验室 _____

实验预习		实验操作		数据处理	

实验二　　弹簧振子周期经验公式总结

实验报告说明

1. 认真预习实验内容后方能进行实验.
2. 携带实验报告进入实验室,将原始数据记录在实验报告数据表格中.
3. 课后规范、完整地完成实验报告,并及时提交实验报告.

实验目的

实验仪器

实验原理

概述弹簧振子振动周期公式的实验原理.

实验操作

认真做好预习,在老师的指导下,熟悉实验仪器的操作方法,完成以下实验操作.
1.质量称量.
用天平分别称出各弹簧及带吊钩的指针、砝码钩和磁铁的质量.

2.利用焦利秤测量弹簧的劲度系数 k(课后整理).
主要步骤:

3.测量振动周期.
主要步骤:

实验数据

教师签名_____

表 2-1　各弹簧、带吊钩的指针、砝码钩、磁铁的质量　单位：10^{-3} kg

项目	弹簧质量					带吊钩的指针、砝码钩及磁铁的质量 m''
	Ⅰ（红）	Ⅱ（黑）	Ⅲ（蓝）	Ⅳ（黄）	平均值	
	$m_{0Ⅰ}$	$m_{0Ⅱ}$	$m_{0Ⅲ}$	$m_{0Ⅳ}$	$\overline{m}_0$	
数值						

表 2-2　各弹簧劲度系数数据

数值 项目次序	砝码质量 $m'/10^{-3}$ kg	各弹簧的标尺读数 $x_i/10^{-3}$ m			
		Ⅰ（红）	Ⅱ（黑）	Ⅲ（蓝）	Ⅳ（黄）
0	100				
1	150				
2	200				
3	250				
4	300				
5	350				
$\Delta x = \dfrac{1}{3}\sum\limits_{i=0}^{2}(x_{i+3}-x_i)$					
$k = \dfrac{9.788 \times 150 \times 10^{-3}}{\Delta x \times 10^{-3}}/(\text{N}\cdot\text{m}^{-1})$					

表 2-3　k 不变、m 改变时振子的周期数据

质量 /10^{-3} kg				周期 /s						作图数据	
砝码	带吊钩的指针、砝码钩及磁铁	弹簧等效质量	振子	10T				40T	$\overline{T}$	$\ln\overline{T}$	$\ln m$
m'	m''	$\dfrac{1}{3}\overline{m}_{0Ⅰ}$	m	第1次	第2次	第3次	第4次				
150											
200											
250											
300											

条件：用红色弹簧 Ⅰ，其劲度系数 $k =$ _____ N·m^{-1}.

注：振子质量 $m = m' + m'' + \dfrac{1}{3}\overline{m}_{0Ⅰ}$.

表 2－4　m 不变、k 改变时振子的周期数据

编号	弹簧 劲度系数 k /(N·m⁻¹)	周期 /s						作图数据	
		$10T$				$40T$	$\overline{T}$	$\ln \overline{T}$	$\ln k$
		第 1 次	第 2 次	第 3 次	第 4 次				
Ⅰ（红）									
Ⅱ（黑）									
Ⅲ（蓝）									
Ⅳ（黄）									

条件：砝码质量 $m' = 300 \times 10^{-3}$ kg.

注：振子质量 $m = m' + m'' + \dfrac{1}{3}\overline{m_0}$.

数据处理

1. 作 $\ln T$ - $\ln m$ 及 $\ln T$ - $\ln k$ 图.

2. 求出 B_1 和 B_2，$\overline{B} = \dfrac{1}{2}(B_1 + B_2)$.

3. 将求出的 α, β 和 $\overline{B}$ 代入实验教材的(2-2)式，得到弹簧振子振动周期的经验公式.

4. 以理论公式 $T = 2\pi m^{\frac{1}{2}} k^{-\frac{1}{2}}$ 为标准，求出 α, β 和 $\overline{B}$ 的相对误差，并对测量结果进行分析和评估.

实验总结

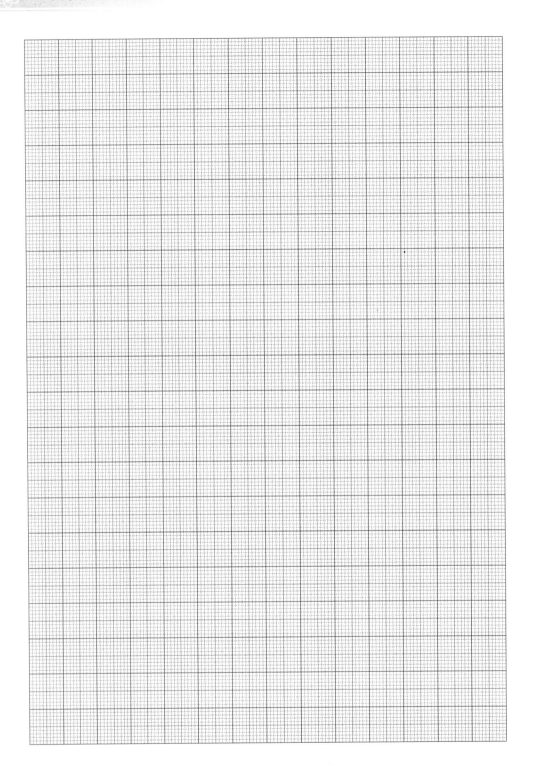

大学物理实验报告

序号	

_____ 学院 _____ 专业 _____ 班

成绩评定	
教师签名	

学号 _____ 姓名 _____ (合作者 _____)

实验日期 _____ 实验室 _____

实验预习		实验操作		数据处理	

实验四　　用拉脱法测定液体的表面张力系数

实验报告说明

1. 认真预习实验内容后方能进行实验.
2. 携带实验报告进入实验室,将原始数据记录在实验报告数据表格中.
3. 课后规范、完整地完成实验报告,并及时提交实验报告.

实验目的

实验仪器

实验原理

1.根据圆筒形吊环从液面缓慢拉起受力示意图(见图 4-1),简要说明拉脱法测量液体的表面张力系数的原理.

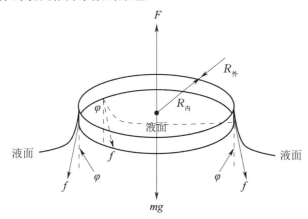

图 4-1 圆筒形吊环从液面缓慢拉起受力示意图

2.表面张力系数的测量公式(标明各个物理量代表的含义).

$\alpha =$

实验操作

认真做好预习,在老师的指导下,熟悉实验仪器的操作方法,完成以下实验操作.

1.测量力敏传感器的转换系数 K(课后整理).

主要步骤:

2.利用拉脱法测定液体的表面张力系数(课后整理).

主要步骤:

实验数据

教师签名_____

1.用逐差法求压阻力敏传感器的转换系数.

表 4-1　测量压阻力敏传感器转换系数数据记录表格

砝码质量 /10^{-3} kg	增砝码读数 V_i'/mV	减砝码读数 V_i''/mV	平均读数 /mV $V_i = (V_i' + V_i'')/2$	逐差 /mV $\delta_{V_i} = V_{i+4} - V_i$	偏差 /mV $\Delta\delta_{V_i} = \mid \delta_{V_i} - \overline{\delta_{V_i}} \mid$
0.00					
0.50					
1.00					
1.50					
2.00					
2.50				逐差平均值 /mV $\overline{\delta_V} = \dfrac{1}{4}\sum\limits_{i=0}^{3}\delta_{V_i}$	平均偏差 /mV $\overline{\Delta\delta_V} = \dfrac{1}{4}\sum\limits_{i=0}^{3}\Delta\delta_{V_i}$
3.00					
3.50					

$$K = \frac{mg}{\overline{\delta_V}} = \frac{2.00 \times 10^{-3} \times 9.8}{\overline{\delta_V}} \text{ N/mV} = \underline{\hspace{2cm}} \text{ N/mV}, \frac{\Delta K}{K} = \frac{\overline{\Delta\delta_V}}{\overline{\delta_V}} = \underline{\hspace{2cm}}.$$

2. 吊环尺寸测量.

表 4 - 2　吊环尺寸数据记录表　　　　　　　　　单位:mm

测量次序	1	2	3	4	5	平均值
$D_{内}$						
$D_{外}$						
$D_{内} + D_{外}$						
$\Delta(D_{内} + D_{外})$						

3. 用拉脱法测量液体表面张力系数.

　　水温(室温)_____℃.

表 4 - 3　测定液体表面张力系数的数据记录表

测量次序	1	2	3	4	5	平均值
V_1/mV						
V_2/mV						
$(V_1 - V_2)/\mathrm{mV}$						
平均偏差 /mV $\overline{\Delta(V_1 - V_2)} = \dfrac{1}{5}\sum\limits_{i=1}^{5}\left[(V_1 - V_2)_i - \overline{(V_1 - V_2)}\right]$						
表面张力系数 /(N/m) $\bar{\alpha} = \dfrac{\overline{(V_1 - V_2)}K}{\pi(\overline{D_{内} + D_{外}})}$						
相对误差 $E_a = \dfrac{\overline{\Delta(V_1 - V_2)}}{V_1 - V_2} + \dfrac{\Delta K}{K} + \dfrac{\overline{\Delta(D_{内} + D_{外})}}{D_{内} + D_{外}}$						
平均偏差 $\overline{\Delta\alpha} = E_a\bar{\alpha}$						
最终结果 $\alpha = (\bar{\alpha} \pm \overline{\Delta\alpha})$ N/m						

实验总结

大学物理实验报告

<table>
<tr><td colspan="2">序号</td></tr>
</table>

_____ 学院 _____ 专业 _____ 班

学号 _____ 姓名 _____ (合作者 _____)

实验日期 _____ 实验室 _____

<table>
<tr><td>成绩评定</td><td></td></tr>
<tr><td>教师签名</td><td></td></tr>
</table>

<table>
<tr><td>实验预习</td><td></td><td>实验操作</td><td></td><td>数据处理</td><td></td></tr>
</table>

实验五　　用模拟法测绘静电场

实验报告说明

1. 认真预习实验内容后方能进行实验.
2. 携带实验报告进入实验室,将原始数据记录在实验报告数据表格中.
3. 课后规范、完整地完成实验报告,并及时提交实验报告.

实验目的

实验仪器

实验原理

1.模拟法描绘静电场的原理(需写出公式).

2.了解两个无限长同轴带电圆柱体之间的电势分布公式.
写出两个无限长同轴带电圆柱体之间的电势分布关系(标明各个物理量代表的含义).

实验操作

认真做好预习,在老师的指导下,熟悉实验仪器的操作方法,完成以下实验操作.
1.实验装置连接.
实验装置连接如图 5-1 所示,写出连接的主要步骤及注意事项.

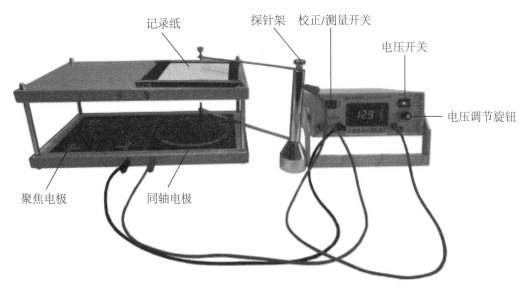

图 5-1 实验装置连接图

2.测绘过程(课后整理).

写出测绘过程的主要步骤及注意事项,在所绘图中标明各条等位线的电位.

数据处理

测绘两个无限长同轴带电圆柱体间的静电场分布,并以 $\dfrac{V_r}{V_B}$ 为纵坐标、$\dfrac{\ln \bar{r}}{\ln 7}$ 为横坐标作图(注:在坐标纸上作图),与理论分析相验证.

表 5-1　等位圆测绘表

$\dfrac{V_r}{V_B}$	d_1/cm	d_2/cm	d_3/cm	d_4/cm	d_5/cm	$\bar{d}$/cm	$\bar{r}$/cm	$\ln \bar{r}$	$\dfrac{\ln \bar{r}}{\ln 7}$
0.2									
0.3									
0.4									
0.5									
0.6									
0.7									
0.8									

实验总结

大学物理实验报告

序号	

_____ 学院 _____ 专业 _____ 班

学号 _____ 姓名 _____ (合作者 _____)

成绩评定	
教师签名	

实验日期 _____ 实验室 _____

实验预习		实验操作		数据处理	

实验六　　示波器的使用

实验报告说明

　1.认真预习实验内容后方能进行实验.

　2.实验前阅读教材附录1,了解示波器的使用方法.

　3.携带实验报告进入实验室,将原始数据记录在实验报告数据表格中.

　4.课后规范、完整地完成实验报告,并及时提交实验报告.

实验目的

实验仪器

实验原理

1. 示波管的结构和原理.

根据示波管的构造图（见图 6 - 1），简要说明其主要部件的名称及功能.

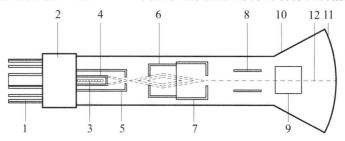

图 6 - 1　示波管结构图

2. 简述波形的形成原理.

3. 了解用李萨如图形法测量频率的基本原理.

写出用李萨如图形法测量频率所用到的关系式（标明公式中各个物理量代表的含义）：

$$f_Y =$$

实验操作

认真做好预习,在老师的指导下,熟悉实验仪器的操作方法,完成以下实验操作.

1.熟悉示波器面板上各主要旋钮的作用.

2.示波器的校准.

写出示波器校准的主要步骤(课后整理).

3.测量学生信号源低频信号的 V_{p-p} 和 T,f.

写出用示波器测量学生信号源低频信号基本参数的主要步骤(课后整理).

4.用李萨如图形法测信号电压频率.

写出用李萨如图形法测未知信号频率的主要步骤(课后整理).

实验数据

教师签名_____

表 6-1　信号源波形电压及频率的数据记录表

被测波形的频率档次 /Hz	电压测量				频率测量			
	K	$S_Y/(\mathrm{V \cdot div^{-1}})$	H/div	$V_{\mathrm{p-p}}/\mathrm{V}$	$S_X/(\mathrm{ms \cdot div^{-1}})$	L/div	T/ms	f/kHz

表 6-2　用李萨如图形法测信号电压频率记录表

$N_X : N_Y$	1 : 1	2 : 1	3 : 1	1 : 2	1 : 3
示意图					
f_X/Hz					
f_Y/Hz					
$\overline{f_Y}/\mathrm{Hz}$					

数据处理

处理实验数据,得到未知信号的频率.

（注:根据用李萨如图形法测量未知频率的表达式,写出求解过程和结果,注意结果表达的规范,请参考教材绪论部分的相关内容）

1.测量的绝对误差.

$\overline{\Delta f_Y} =$

2.测量的相对误差.

$E_Y = \dfrac{\overline{\Delta f_Y}}{f_Y} =$

3. 测量结果表达.
$$f_Y = \overline{f_Y} \pm \overline{\Delta f_Y} =$$

实验总结

大学物理实验报告

序号	

_____ 学院 _____ 专业 _____ 班

学号 _____ 姓名 _____（合作者 _____ ）

成绩评定	
教师签名	

实验日期 _____ 实验室 _____

实验预习		实验操作		数据处理	

实验七　　分光计的使用和三棱镜折射率的测定

实验报告说明

1. 认真预习实验内容后方能进行实验.
2. 携带实验报告进入实验室,将原始数据记录在实验报告数据表格中.
3. 课后规范、完整地完成实验报告,并及时提交实验报告.

实验目的

实验仪器

实验原理

1.根据实验教材图 7-9 所示的光路图,简要叙述三棱镜顶角 A 的测量原理.

2.根据实验教材图 7-10 所示的光路图,简要叙述三棱镜最小偏向角 δ_{min} 的测量原理.

3.写出三棱镜折射率的测量公式(标明式中各个物理量代表的含义).

实验操作

认真做好预习,在老师的指导下,熟悉实验仪器的操作方法,回答以下问题.

1.如何进行粗调?

2.粗调的目的是什么?

3.如何进行细调?

4.达到什么样的标准可以结束细调?

实验数据

教师签名_____

表 7 - 1   测量三棱镜顶角 A 及最小偏向角 $\delta_{\min}$ 的数据记录表

$A = \frac{1}{4}\left[(\varphi'_2 - \varphi'_1) + (\varphi''_2 - \varphi''_1)\right]$					$\delta_{\min} = \frac{1}{4}\left[(\theta'_2 - \theta'_1) + (\theta''_2 - \theta''_1)\right]$				
次序	φ'_1	φ''_1	φ'_2	φ''_2	A	θ'_1	θ''_1	θ'_2	θ''_2	$\delta_{\min}$
1										
2										
3										
$A = \overline{A} \pm \overline{\Delta A} =$						$\delta_{\min} = \overline{\delta}_{\min} \pm \overline{\Delta \delta_{\min}} =$				

取 $\overline{\Delta A} = 1'$, $\overline{\Delta \delta_{\min}} = 2'$.

数据处理

用表 7 - 1 中的数据计算 $\overline{A}, \overline{\delta}_{\min}$, 并把 $\overline{A}, \overline{\delta}_{\min}$ 的数值代入实验教材中的式(7 - 2)中求 n 值(要求写出代入数据计算的过程和结果, 式中 $\Delta A, \Delta \delta_{\min}$ 应换算为弧度进行计算).

$$\overline{n} = \frac{\sin \dfrac{A + \delta_{\min}}{2}}{\sin \dfrac{A}{2}} =$$

$$\overline{\Delta n} = \left| \frac{\partial n}{\partial A} \Delta A \right| + \left| \frac{\partial n}{\partial \delta_{\min}} \Delta \delta_{\min} \right| = \frac{\cos \dfrac{A + \delta_{\min}}{2}}{2 \sin \dfrac{A}{2}} (\Delta A + \Delta \delta_{\min}) + \frac{n}{2} \cot \frac{A}{2} \cdot \Delta A =$$

$$n = \overline{n} \pm \overline{\Delta n} =$$

（注意：$\overline{n}$ 及 $\overline{\Delta n}$ 是个比值，是无单位的量.）

实验总结

大学物理实验报告

序号	

_____ 学院 _____ 专业 _____ 班

成绩评定	
教师签名	

学号 _____ 姓名 _____ (合作者 _____)

实验日期 _____ 实验室 _____

实验预习		实验操作		数据处理	

实验八　　牛顿环干涉现象的研究和测量

实验报告说明 ▸

   1.认真预习实验内容后方能进行实验.

   2.携带实验报告进入实验室,将原始数据记录在实验报告数据表格中.

   3.课后规范、完整地完成实验报告,并及时提交实验报告.

实验目的 ▸

实验仪器 ▸

实验原理

1. 简要叙述牛顿环干涉的基本原理.

2. 写出牛顿环装置曲率半径公式(标明公式中各个物理量代表的含义):

$R =$

3. 写出波长相对测量公式(标明公式中各个物理量代表的含义):

$\lambda =$

实验操作

认真做好预习,在老师的指导下,熟悉实验仪器的操作方法,完成以下实验操作,并写出光路调整及测量过程的主要步骤(课后整理).

实验数据

教师签名_____

表 8-1　牛顿环实验数据记录表格(钠光灯)

仪器误差 $\Delta_{仪} = 5\ \mu m$　　　　　$\lambda = 589.3\ nm = 0.589\ 3\ \mu m$

k	x_k/mm	x'_k/mm	D_k/mm	D_k^2/mm²	$(D_{k+25}^2 - D_k^2)$/mm²	$\Delta(D_{k+25}^2 - D_k^2)$/mm²
5						
10						
15						
20						
25						
30					平均	
35					$\overline{D_{k+25}^2 - D_k^2}$/mm²	$\overline{\Delta(D_{k+25}^2 - D_k^2)}$/mm²
40						
45						
50						

表 8-2　牛顿环实验数据记录表格(汞光灯)

仪器误差 $\Delta_{仪} = 5\ \mu m$　　　　　$\lambda =$ _____ μm

k	x_k/mm	x'_k/mm	d_k/mm	d_k^2/mm²	$(d_{k+25}^2 - d_k^2)$/mm²	$\Delta(d_{k+25}^2 - d_k^2)$/mm²
5						
10						
15						
20						
25						
30					平均	
35					$\overline{d_{k+25}^2 - d_k^2}$/mm²	$\overline{\Delta(d_{k+25}^2 - d_k^2)}$/mm²
40						
45						
50						

数据处理

用逐差法处理数据,填入表格相应位置,并完成如下数据处理.

(钠光波长 $\lambda = 589.3\ nm$)

$$\overline{R} = \frac{\overline{D_{k+25}^2 - D_k^2}}{4(m-n)\lambda} = $$

$$\overline{\Delta R} = \frac{\overline{\Delta(D_{k+25}^2 - D_k^2)}}{4(m-n)\lambda} = $$

$$\overline{\lambda}_{\text{Hg}} = \left(\frac{\overline{d_{k+25}^2 - d_k^2}}{D_{k+25}^2 - D_k^2}\right) \cdot \lambda = $$

$$\overline{\Delta\lambda}_{\text{Hg}} = \left(\frac{\overline{\Delta(d_{k+25}^2 - d_k^2)}}{d_{k+25}^2 - d_k^2} + \frac{\overline{\Delta(D_{k+25}^2 - D_k^2)}}{D_{k+25}^2 - D_k^2}\right) \cdot \lambda = $$

测量结果：

$$R = \overline{R} \pm \overline{\Delta R} = \qquad\qquad\qquad\qquad (\text{单位：m})$$

$$\lambda_{\text{Hg}} = \overline{\lambda}_{\text{Hg}} \pm \overline{\Delta\lambda}_{\text{Hg}} = \qquad\qquad\qquad (\text{单位：nm})$$

实验总结

大学物理实验报告

序号	

_____ 学院 _____ 专业 _____ 班

成绩评定	
教师签名	

学号 _____ 姓名 _____ (合作者 _____)

实验日期 _____ 实验室 _____

实验预习		实验操作		数据处理	

实验九　　旋光性溶液浓度的测量

实验报告说明

1. 认真预习实验内容后方能进行实验.
2. 携带实验报告进入实验室,将原始数据记录在实验报告数据表格中.
3. 课后规范、完整地完成实验报告,并及时提交实验报告.

实验目的

实验仪器

实验原理

偏振光通过某些透明物质时,其振动面以光的传播方向为轴而旋转一定角度的现象,称为_____.能使偏振光的振动面旋转一定角度的物质,称为_____.根据线偏振光通过不同的旋光物质,振动面旋转的方向不同.旋光物质分_____和_____.对旋光性溶液,旋光角 φ 与光所通过的液柱长度 l 和溶液的浓度 c 的关系为_____.

1.对观测偏振光的振动面旋转的实验原理图(见图 9 - 1)进行说明.

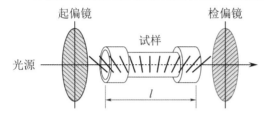

图 9 - 1 观测偏振光的振动面旋转的实验原理图

2.对半荫式起偏镜的装置图(见图 9 - 2)进行说明.

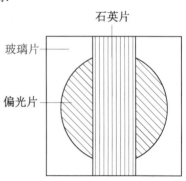

图 9 - 2 半荫式起偏镜

3. 对检偏镜旋至不同角度的视场图中的四个视场(见图 9-3)进行说明.

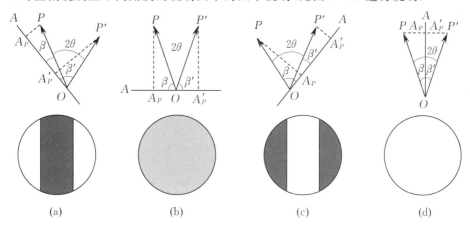

图 9-3　检偏镜旋至不同角度的视场

实验操作

认真做好预习,在老师的指导下,熟悉实验仪器的操作方法,完成实验操作,写出仪器调整及测量过程的主要步骤(课后整理).

实验数据

教师签名_____

表 9 - 1   旋光角测量数据记录表

波长 $\lambda = 589.3$ nm,温度 $t = $_____℃,试管长 $l = $_____ cm

蔗糖溶液浓度 $c/(\mathrm{kg \cdot m^{-3}})$	旋光角 $\varphi/°$										平均值	φ
	第 1 次		第 2 次		第 3 次		第 4 次		第 5 次			
	左	右	左	右	左	右	左	右	左	右		
0(视场零点)												—
20												
40												
60												
80												
100												
c_x(未知)												

数据处理

1.作 $\varphi - c$ 图线.

（注:用坐标纸作图,求出斜率 B,得到待测溶液浓度 c_x.注意作图规范,请参考教材绪论部分的相关内容.）

2.计算.

$B = $

$\alpha = $

$$c_x = \frac{\varphi_x - \varphi_0}{B} =$$

3.根据待测溶液的旋光角 φ_x,在 $\varphi\text{-}c$ 图线上求解待测溶液的浓度 c_x.

实验总结

大学物理实验报告

序号

_____学院 _____专业 _____班

学号 _____ 姓名 _____ (合作者 _____)

成绩评定	
教师签名	

实验日期 _____ 实验室 _____

实验预习		实验操作		数据处理	

实验十　　用分光计测定光栅常数

实验报告说明

　　1.认真预习实验内容后方能进行实验.

　　2.携带实验报告进入实验室,将原始数据记录在实验报告数据表格中.

　　3.课后规范、完整地完成实验报告,并及时提交实验报告.

实验目的

实验仪器

实验原理

1.什么是光栅?根据图 10-1,简述利用光栅法测定光栅常数的基本原理.

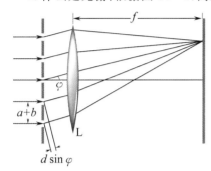

图 10-1   光栅衍射示意图

2.在钠光衍射光谱示意图(见图 10-2)的视场中标出明条纹、内外侧条纹.

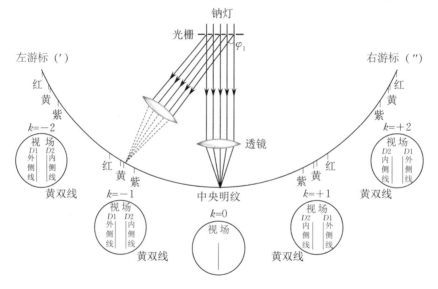

图 10-2   钠光衍射光谱示意图

本实验中一共可观察到_____条钠谱线,一共要记录_____条钠谱线所对应的角坐标.根据分光计读数规律,一条谱线需要记录_____个坐标位置,这样记录的原因是为了消除_____误差.

3.光栅常数的测量公式.

写出光栅常数与各个直接测量量之间的关系(标明公式中各个物理量代表的含义):

$$d_{D_i+k} = \underline{\hspace{6cm}}$$

实验操作

认真做好预习,在老师的指导下,熟悉实验仪器的操作方法,完成实验操作,并写出分光计调节及测量过程的主要步骤.

数据处理

教师签名_____

实验时请完成表10-1中前3行的记录与计算,其余部分可在课后完成(左、右角坐标记录格式为:××°××′).

表 10 - 1　光栅常数测量数据记录表

谱线 D_i	D_2(内侧线)$\lambda_{D_2}=588.996$ nm				D_1(外侧线)$\lambda_{D_1}=589.593$ nm			
级数 k	1		2		1		2	
游标标记 $\theta_{D_i\pm k}$	左 $\theta'_{D_2\pm 1}$	右 $\theta'_{D_2\pm 1}$	左 $\theta'_{D_2\pm 2}$	右 $\theta'_{D_2\pm 2}$	左 $\theta'_{D_1\pm 1}$	右 $\theta'_{D_1\pm 1}$	左 $\theta'_{D_1\pm 2}$	右 $\theta'_{D_1\pm 2}$
右侧明纹 θ_{D_i+k}								
左侧明纹 θ_{D_i-k}								
望远镜转角 $\theta_{D_i-k}-\theta_{D_i+k}$								
衍射角 $\varphi_{D_i\pm k}$								
$\sin\varphi_{D_i\pm k}$								
$d_{D_i\pm k}/$nm								
$\overline{d}/$nm								
$|\Delta d_{D_i\pm k}|/$nm								
$\overline{\Delta d}/$nm								
$d=\overline{d}\pm\overline{\Delta d}/$nm								

其中:(1)$i=1,2;k=1,2$;(2)$\varphi_{D_i\pm k}=\dfrac{1}{4}\left[(\theta'_{D_i-k}-\theta'_{D_i+k})+(\theta''_{D_i-k}-\theta''_{D_i+k})\right]$;(3)$d_{D_i\pm k}=\dfrac{k\lambda_{D_i}}{\sin\varphi_{D_i\pm k}}$ nm.

实验总结

大学物理实验报告

<table>
<tr><td>序号</td><td></td></tr>
</table>

_____ 学院 _____ 专业 _____ 班

<table>
<tr><td>成绩评定</td><td></td></tr>
<tr><td>教师签名</td><td></td></tr>
</table>

学号 _____ 姓名 _____ (合作者 _____)

实验日期 _____ 实验室 _____

实验预习		实验操作		数据处理	

实验十一　　用冷却法测量金属的比热容

实验报告说明

1.认真预习实验内容后方能进行实验.
2.携带实验报告进入实验室,将原始数据记录在实验报告数据表格中.
3.课后规范、完整地完成实验报告,并及时提交实验报告.

实验目的

实验仪器

实验原理

1.简述冷却法测量金属的比热容的基本原理.

2.写出待测比热容与各个直接测量量之间的关系(标明公式中各个物理量代表的含义).

$$c_2 =$$

实验操作

认真做好预习,在老师的指导下,熟悉实验仪器的操作方法,完成实验操作,并写出测量过程的主要步骤(课后整理).

实验数据

教师签名_____

1.热电偶冷端的补偿修正.

当热电偶冷端温度 $T_n =$ ____ ℃(室内温度)时,计算样品温度为 102 ℃ 时对应的热电势 $E_1(T, T_n) =$ ____ mV;样品温度为 98 ℃ 时,对应的热电势 $E_2(T, T_n) =$ ____ mV.

查表并计算:

$$E_1(T, T_n) = E_1(T, T_0) - E_1(T_n, T_0) =$$

$$E_2(T, T_n) = E_2(T, T_0) - E_2(T_n, T_0) =$$

2.记录金属样品的质量.

$M_{Fe} =$ ____ g; $M_{Cu} =$ ____ g; $M_{Al} =$ ____ g

3.在表 11 - 1 中记录样品温度从 102 ℃ 下降到 98 ℃ 所需时间 Δt(单位:s).

表 11 - 1　样品降温时间(Δt)记录表　　　　　单位:s

样品	次序					平均值$\overline{\Delta t}$	算术平均误差$\overline{\Delta(\Delta t)}$
	1	2	3	4	5		
Fe							
Cu							
Al							

数据处理

处理实验数据,以铜的比热容为标准,计算铁和铝的比热容,写出测量结果.

(注:根据比热容的测量表达式和误差传递公式,写出求解过程和结果,注意结果表达的规范,请参考教材绪论部分的相关内容.)

1.计算待测金属比热容的算术平均值.

$$\overline{c}_{Fe} = c_{Cu} \cdot \frac{M_{Cu} (\overline{\Delta t})_{Fe}}{M_{Fe} (\overline{\Delta t})_{Cu}} =$$

$$\overline{c}_{Al} = c_{Cu} \cdot \frac{M_{Cu}}{M_{Al}} \frac{(\overline{\Delta t})_{Al}}{(\overline{\Delta t})_{Cu}} =$$

2. 计算待测金属比热容的算术平均误差.

$$\overline{\Delta c}_{Fe} = \left(\frac{\overline{\Delta(\Delta t)}_{Fe}}{(\overline{\Delta t})_{Fe}} + \frac{\overline{\Delta(\Delta t)}_{Cu}}{(\overline{\Delta t})_{Cu}} \right) \cdot \overline{c}_{Fe} =$$

$$\overline{\Delta c}_{Al} = \left(\frac{\overline{\Delta(\Delta t)}_{Al}}{(\overline{\Delta t})_{Al}} + \frac{\overline{\Delta(\Delta t)}_{Cu}}{(\overline{\Delta t})_{Cu}} \right) \cdot \overline{c}_{Al} =$$

3. 待测比热容的测量结果.

$$c_{Fe} = \overline{c}_{Fe} \pm \overline{\Delta c}_{Fe} =$$

$$c_{Al} = \overline{c}_{Al} \pm \overline{\Delta c}_{Al} =$$

实验总结

大学物理实验报告

序号

_____ 学院 _____ 专业 _____ 班

学号 _____ 姓名 _____（合作者 _____）

实验日期 _____ 实验室 _____

成绩评定	
教师签名	

实验预习		实验操作		数据处理	

实验十二　　迈克耳孙干涉仪

实验报告说明

　　1. 认真预习实验内容后方能进行实验.

　　2. 携带实验报告进入实验室,将原始数据记录在实验报告数据表格中.

　　3. 课后规范、完整地完成实验报告,并及时提交实验报告.

实验目的

实验仪器

实验原理

1.迈克耳孙干涉仪的光路及测量原理.

根据迈克耳孙干涉仪的光路图(见图 12 - 1),简述迈克耳孙干涉仪的工作和测量原理,并简要说明图中补偿板 G_2 的作用.

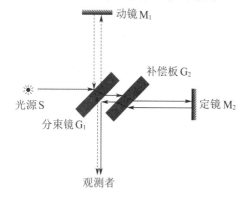

图 12 - 1 迈克耳孙干涉仪的光路图

2.参考图 12 - 2 及实验教材相关内容,简要说明点光源照明下非定域干涉图案的特点,并推导出 M_1,M_2 镜垂直时形成的干涉亮环所满足的方程,根据方程说明亮环在屏幕上分布的特征.

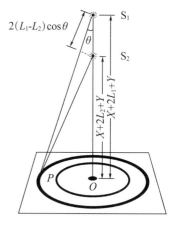

图 12 - 2 非定域干涉图案的形成

实验操作

认真做好预习,在老师的指导下,熟悉实验仪器的操作方法,完成以下实验操作.

1.测量 He - Ne 激光波长.

写出主要调节和测量步骤:

2.测量室温下空气的折射率(选做).

写出主要调节和测量步骤:

实验数据及数据处理

表 12-1　数据记录表（$N=250$）　　　　　　单位:mm

K	X_K	$K+N$	X_{K+N}	$d=\left\|\dfrac{X_{K+N}-X_K}{40}\right\|$
0		250		
50		300		
100		350		
150		400		
200		450		

1.利用逐差法算出5组对应250环的 d 值(注意微动螺旋的放大倍数),写入表12-1.

2.算出 d 的算术平均值 $\overline{d}$ 及平均标准偏差 $\sigma_{\overline{d}}$.

$$\overline{d}=$$

$$\sigma_{\overline{d}}=\sqrt{\frac{\sum(d-\overline{d})^2}{n(n-1)}}=$$

3.计算 $\overline{\lambda},\sigma_{\overline{\lambda}}$,写出测量结果,并用两种方法计算相对误差 $E_{\overline{\lambda}}$(He-Ne 激光谱线的波长 $\lambda=632.8$ nm).

$$\overline{\lambda}=\frac{2\overline{d}}{N}=$$

$$\sigma_{\bar{\lambda}} = \frac{2}{N}\sigma_{\bar{d}} =$$

$$\lambda = \bar{\lambda} \pm \sigma_{\bar{\lambda}} =$$

$$E_{\bar{\lambda}} = \frac{\sigma_{\bar{\lambda}}}{\bar{\lambda}} \times 100\% =$$

$$E_{\bar{\lambda}} = \frac{\left| \bar{\lambda} - 632.8 \right|}{632.8} \times 100\% =$$

表 12 - 2　空气折射率测量数据表(选做)　　　　气室长度:$l =$

测量次数	起始气压 p_0/Pa	最终气压 p/Pa	中心亮环 变化数目 N	空气折射率 n_0
1				
2				
3				
4				
5				

1. 向气室内加压,记录加压前、后气压数值 p_0 和 p,并记录减压过程中观测屏中心亮环的变化数目 N,填入表 12 - 2.

2. 重复进行 5 次测量,将数据填入表 12 - 2.

3. 用教材中的式(12 - 12)计算空气折射率 n_0,然后计算 5 次测量的算术平均值 $\bar{n}_0$ 及平均标准偏差 $\sigma_{\bar{n}_0}$.

$$\bar{n}_0 =$$

$$\sigma_{\bar{n}_0} = \sqrt{\frac{\sum(n_{0i} - \bar{n}_0)^2}{n(n-1)}} = $$

（分母中的 n 为测量次数）

实验总结

大学物理实验报告

序号

_____ 学院 _____ 专业 _____ 班

学号 _____ 姓名 _____ (合作者 _____)

成绩评定	
教师签名	

实验日期 _____ 实验室 _____

实验预习		实验操作		数据处理	

实验十三　　超声波在空气中传播速度的测定

实验报告说明

　　1. 认真预习实验内容后方能进行实验.
　　2. 携带实验报告进入实验室,将原始数据记录在实验报告数据表格中.
　　3. 课后规范、完整地完成实验报告,并及时提交实验报告.

实验目的

实验仪器

实验原理

1.简述共振干涉法(驻波法)测声速的基本原理.

2.简述相位比较法(行波法)测声速的基本原理.

3.写出声速与各个直接测量量之间的关系(标明公式中各个物理量代表的含义).

$v =$

实验操作

认真做好预习,在老师的指导下,熟悉实验仪器的操作方法,完成实验操作,并写出主要测量过程的主要步骤.

实验数据

教师签名_____

表 13 - 1　谐振频率的测量

次序	1	2	3	4	5	平均值 $\overline{f}$
f/kHz						

表 13 - 2　共振干涉法测超声波波长

	X_i 测量数据		$\Delta X_i = \mid X_{i+8} - X_i \mid$
	X_i　($i = 1 \sim 8$)	X_i　($i = 9 \sim 16$)	ΔX_i　($i = 1 \sim 8$)
形成驻波时游标卡尺的读数(单位:mm)			

室温: $t =$ _____ ℃

表 13 - 3　相位比较法测超声波波长

$\Delta\varphi$	X_i/mm　($i=1\sim8$)	$\Delta\varphi$	X_i/mm　($i=9\sim16$)	$\Delta X_i=\lvert X_{i+8}-X_i\rvert$　($i=1\sim8$)
π		9π		
2π		10π		
3π		11π		
4π		12π		
5π		13π		
6π		14π		
7π		15π		
8π		16π		

室温:$t=$ _____ ℃

数据处理

1. 超声波在空气中传播时的声速经验值.

（注:根据超声波的测量表达式和误差传递公式,写出求解过程和结果,注意结果表达的规范,请参考教材绪论部分的相关内容）

$$v_0 = 331.4\sqrt{1+\frac{t}{273.15}} =$$

2. 谐振频率的计算(写出计算过程).

$$\overline{f} = \qquad\qquad\qquad \text{（单位:kHz）}$$

3. 共振干涉法测声速.

$$\overline{\lambda} = \frac{\overline{\Delta X_i}}{4} =$$

$$\overline{v}_{测} = \overline{\lambda}\,\overline{f} =$$

$$\Delta v_{测} = \lvert \overline{v}_{测} - v_0 \rvert =$$

$$E = \frac{\Delta v_{测}}{v_0} \times 100\% =$$

4. 相位比较法测声速.

$$\bar{\lambda} = \frac{\overline{\Delta X_i}}{4} =$$

$$\bar{v}_{测} = \bar{\lambda}\,\bar{f} =$$

$$\Delta v_{测} = \left| \bar{v}_{测} - v_0 \right| =$$

$$E = \frac{\Delta v_{测}}{v_0} \times 100\% =$$

实验总结

大学物理实验报告

实验十四　电子电荷的测定 —— 密立根油滴实验

实验报告说明

1. 认真预习实验内容后方能进行实验.
2. 实验前阅读实验教材,了解油滴仪的使用.
3. 携带实验报告进入实验室,将原始数据记录在实验报告数据表格中.
4. 课后规范、完整地完成实验报告,并及时提交实验报告.

实验目的

实验仪器

实验原理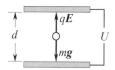

1. 根据图 14-1 简要叙述测定油滴所带电荷 q 的基本原理.

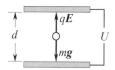

图 14-1　电场作用下
油滴在平行极板间的受力

2. 油滴质量和电荷的计算公式(标明公式中各个物理量代表的含义).

$m =$

$q =$

实验操作

认真做好预习,在老师的指导下,熟悉实验仪器的操作方法,完成实验操作,写出选择油滴及测量油滴的主要步骤(课后整理).

实验数据

教师签名＿＿＿＿＿＿＿＿＿

表 14-1　测量油滴数据记录

油滴编号	时间 /s	电压 /V					平均值	$\bar{q}$ /C	$n = \dfrac{\bar{q}}{e_0}$	n 取整	$\bar{e} = \dfrac{\bar{q}}{n}$ /C	Δe /C	$m = \dfrac{\bar{e}}{e_0/m_0}$ /kg	Δm /kg
		1	2	3	4	5								
1	U													
	t													
2	U													
	t													
3	U													
	t													

数据处理

根据测量的 3 组数据以及计算公式进行数据处理,写出数据的简单处理过程,并说明最终的测量结果.

$e_0 = 1.60 \times 10^{-19}\,\mathrm{C}$；$m_0 = 9.11 \times 10^{-31}\,\mathrm{kg}$.

$\Delta e = \left| e_0 - \bar{e} \right| =$

$\Delta m = \left| m_0 - \bar{m} \right| =$

$E_e = \dfrac{\left| e_0 - \bar{e} \right|}{e_0} \times 100\% =$

$$E_m = \frac{|m_0 - \overline{m}|}{m_0} \times 100\% =$$

$$e = \overline{e} \pm \overline{\Delta e} =$$

$$m = \overline{m} \pm \overline{\Delta m} =$$

实验总结

大学物理实验报告

_____ 学院 _____ 专业 _____ 班

成绩评定	
教师签名	

学号 _____ 姓名 _____ (合作者 _____)

实验日期 _____ 实验室 _____

实验预习		实验操作		数据处理	

实验十七　铁磁材料的磁滞回线和基本磁化曲线

实验报告说明

1. 认真预习实验内容后方能进行实验.
2. 携带实验报告进入实验室,将原始数据记录在实验报告数据表格中.
3. 课后规范、完整地完成实验报告,并及时提交实验报告.

实验目的

实验仪器

实验原理

1.简述铁磁物质的磁感应强度 B 与磁化场强度 H 之间动态变化关系,并说明各个参数的物理意义(见图 17-1).

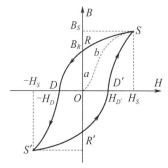

图 17-1　铁磁物质的
起始磁化曲线和磁滞回线

2.简要叙述本实验的设计思想,并写出简要的推导过程(见图 17-2).

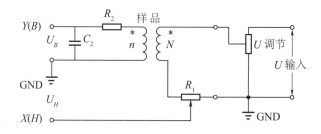

图 17-2　实验线路连接图

写出外加磁场强度 H 和铁磁材料的磁感应强度 B 与各个直接测量量之间的关系(标明其中各个物理量代表的含义).

$H =$

$B =$

实验操作

认真做好预习,在老师的指导下,熟悉实验仪器的操作方法,完成以下实验操作.

1.磁滞回线的测量过程(课后整理).

写出测量过程的主要步骤:

2.基本磁化曲线的测量过程(课后整理).

写出测量过程的主要步骤:

实验数据

表 17 - 1　描绘样品磁滞回线数据记录表

项目	样品 1	样品 2
示波器灵敏度	$S_X =$ ＿＿＿＿＿ mV/div $S_Y =$ ＿＿＿＿＿ mV/div	$S_X =$ ＿＿＿＿＿ mV/div $S_Y =$ ＿＿＿＿＿ mV/div
X 轴格数 X_S		
X 轴格数 X_D		
Y 轴格数 Y_S		
Y 轴格数 Y_R		
电压 U_{H_S}/mV		
电压 U_{H_D}/mV		
电压 U_{B_S}/mV		
电压 U_{B_R}/mV		
$H_S/(\mathrm{A \cdot m^{-1}})$		
$H_D/(\mathrm{A \cdot m^{-1}})$		
B_S/T		
B_R/T		
比较样品 1 和样品 2 磁滞损耗的大小	样品 1 ＿＿＿＿＿ 样品 2（填"大于"或者"小于"）	

表 17 - 2   测定样品 2 基本磁化曲线数据记录表

U_H / mV	U_B / mV	B / T	H / (A · m^{-1})	μ / (10^{-2} H/m)

样品 2

数据处理

1.（a）根据表 17-1 中的数据在同一坐标系中用坐标纸绘制样品 1,2 的磁滞回线,测定和计算样品 1,2 的 B_S,B_R,H_S,H_D 等参数.

（b）比较样品 1,2 磁滞损耗的大小(直接在表 17-1 中标明).

2.根据表 17-2 的 U_H 及 U_B 的测量值,计算样品 2 的 B,H 和 μ 值,用坐标纸在同一坐标系绘制 B-H,μ-H 曲线.

实验总结

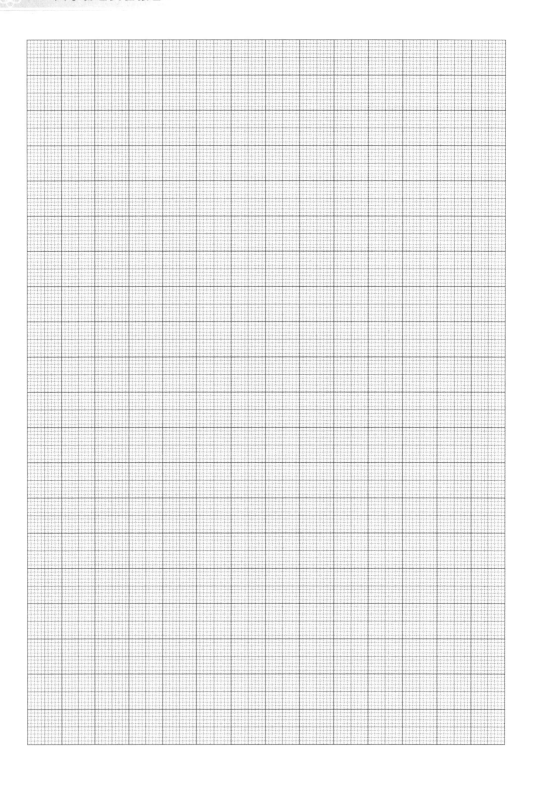

大学物理实验报告

序号

_____学院 _____专业 _____班

学号 _____ 姓名 _____(合作者 _____)

实验日期 _____ 实验室 _____

成绩评定	
教师签名	

实验预习		实验操作		数据处理	

实验十八　电子和场

实验报告说明

1.认真预习实验内容后方能进行实验.
2.携带实验报告进入实验室,将原始数据记录在实验报告数据表格中.
3.课后规范、完整地完成实验报告,并及时提交实验报告.

实验目的

实验仪器

实验原理

1.示波管的结构.

示波管的结构如图 18-1 所示.简要写出各构造部分及其功能.

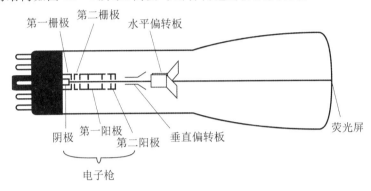

图 18-1　示波管的结构

2.简述电场对电子束加速聚焦的原理.

3. 电子在电场中加速及偏转.

（根据图 18-2，推导电子束在荧光屏上的偏转位移 D 的计算公式，并写出 Y 轴电偏转灵敏度 S_Y 的表达式.）

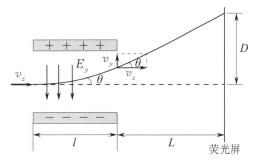

图 18-2　电子在电场中的偏转

4. 电子在磁场中的偏转运动.

（根据图 18-3，推导电子束在荧光屏上的偏转位移 D 的计算公式，并写出磁偏转灵敏度 S_m 的表达式.）

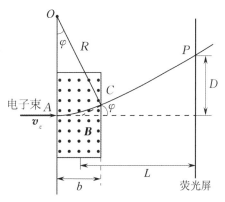

图 18-3　电子在磁场中的偏转

5. 电子在轴向磁场作用下的运动规律（参看图 18-4）及荷质比测定，并推导荷质比的测定公式.

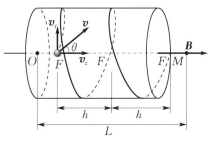

图 18-4　电子在轴向磁场作用下的螺旋运动

实验操作

认真做好预习,在老师的指导下,熟悉实验仪器的操作方法,完成以下实验操作.

1.电聚焦实验.

写出操作的基本步骤:

2.电偏转实验.

写出操作的基本步骤:

3.磁偏转实验.

写出操作的基本步骤:

4.磁聚焦和电子荷质比的测量.

写出操作的基本步骤:

实验数据

教师签名_____

表 18 - 1　电聚焦测量数据

V_2/V	600	700	800	900	1 000
V_1/V					
V_2/V_1					

表 18-2　电偏转(垂直方向)测量数据

$V_2 = 600$ V	D/mm	-25	-20	-15	-10	-5	0	5	10	15	20	25
	V_d/V											
$V_2 = 800$ V	D/mm	-25	-20	-15	-10	-5	0	5	10	15	20	25
	V_d/V											

表 18-3　磁偏转测量数据

$V_2 = 600$ V	I/mA	10	20	30	40	50	60	70	80	90	100
	D/mm										
$V_2 = 800$ V	I/mA	10	20	30	40	50	60	70	80	90	100
	D/mm										

表 18-4　磁聚焦和电子荷质比的测量数据(第一次聚焦)

电　　流	电　　压	
	600 V	800 V
$I_{正向}$/A		
$I_{反向}$/A		
$I_{平均}$/A		

数据处理

1. 根据表 18-1 数据,试分析 V_2,V_1,V_2/V_1 对电聚焦效果的影响.

2. 根据表 18-2 数据,以 V_d 为横坐标、D 为纵坐标作 V_d-D 图,通过计算直线斜率求电偏转灵敏度 S_Y,比较不同阳极电压对电偏转效果的影响.

3.根据表 18-3 数据，以 I 为横坐标、D 为纵坐标，作 I-D 图，通过计算直线斜率求磁偏转灵敏度 S_{m}，比较不同阳极电压对磁偏转效果的影响.

4.电子荷质比的计算(要有计算过程，并求出荷质比的平均值).

实验总结

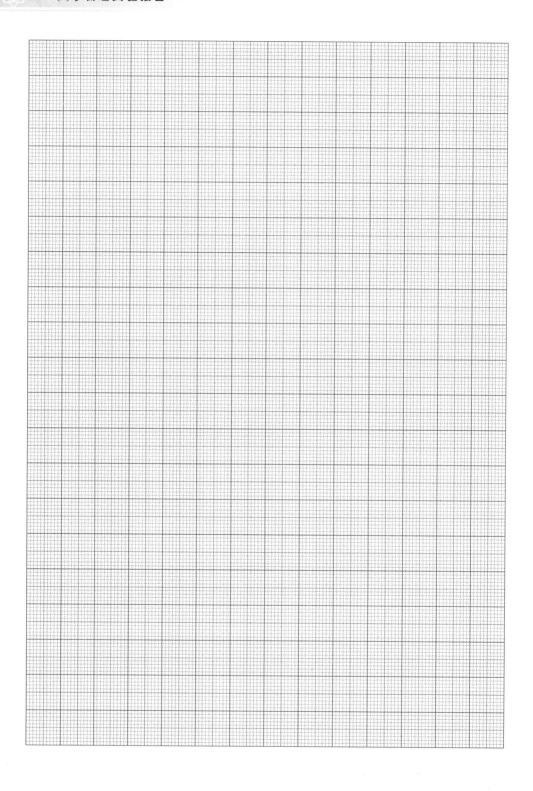

大学物理实验报告

_____ 学院 _____ 专业 _____ 班

学号 _____ 姓名 _____（合作者 _____）

成绩评定	
教师签名	

实验日期 _____ 实验室 _____

实验预习		实验操作		数据处理	

实验二十一　　双光栅测量微弱振动的位移量

实验报告说明

　　1.认真预习实验内容后方能进行实验.

　　2.携带实验报告进入实验室,将原始数据记录在实验报告数据表格中.

　　3.课后规范、完整地完成实验报告,并及时提交实验报告.

实验目的

实验仪器

实验原理

1. 双光栅法测量微弱振动的位移量的基本原理.

2. 第 j 级衍射光波的多普勒频移.

根据第 j 级衍射光波的多普勒频移示意图(见图 21 - 1)简要叙述多普勒频移原理.

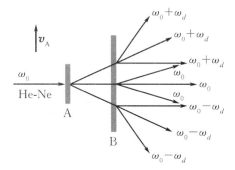

图 21 - 1 第 j 级衍射光波的多普勒频移

3. 微弱振动的位移量的测量公式.

写出音叉振幅与各个直接测量量之间的关系(标明公式中各个物理量代表的含义):

$A =$

实验操作

认真做好预习,在老师的指导下,熟悉实验仪器的操作方法,完成以下实验操作.

1. 光路调整(课后整理)

写出光路调整的主要步骤:

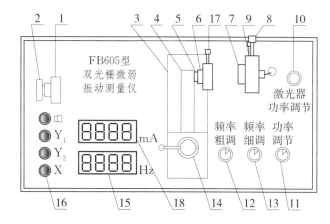

图 21-2 双光栅微弱振动测量仪面板示意图

2. 测量过程(课后整理)

写出测量过程的主要步骤:

实验数据

教师签名_____

表 21-1　输入信号频率对音叉振幅的影响

信号功率(面板上以电流大小标记)：_____mA

序号	频率 f/Hz	$T/2$ 内波形数	振幅 A/μm	序号	频率 f/Hz	$T/2$ 内波形数	振幅 A/μm
1				6			
2				7			
3				8			
4				9			
5				10			

表 21-2　输入信号功率对音叉振幅的影响

信号频率_____Hz

序号	以电流标记的功率 P/mA	$T/2$ 内波形数	振幅 A/μm
1			
2			
3			
4			
5			
6			
7			
8			

表 21-3　音叉的固有频率随被测棒的位置的变化

信号功率(面板上以电流大小标记)：_____mA

位置	谐振频率 f/Hz	$\dfrac{T}{2}$ 内波形数	振幅 A/μm	位置	谐振频率 f/Hz	$\dfrac{T}{2}$ 内波形数	振幅 A/μm
1				4			
2				5			
3							

数据处理

1.求出音叉谐振时光拍信号的平均频率.

$$\overline{f}_{拍} = \frac{4A_{谐}n_\theta}{T} =$$

2.在坐标纸上作图:(1)输入信号功率固定时音叉的振幅-频率曲线;(2)输入信号频率固定时音叉的振幅-功率曲线;(3)被测棒放在音叉不同位置时的固有频率-位置曲线.定性讨论这3条曲线所蕴含的物理规律.(注:注意作图规范,请参考教材绪论部分的相关内容.)

实验总结

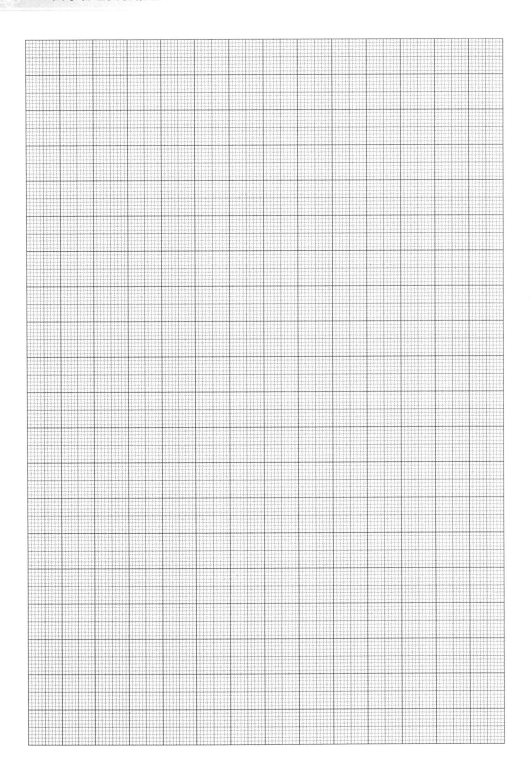

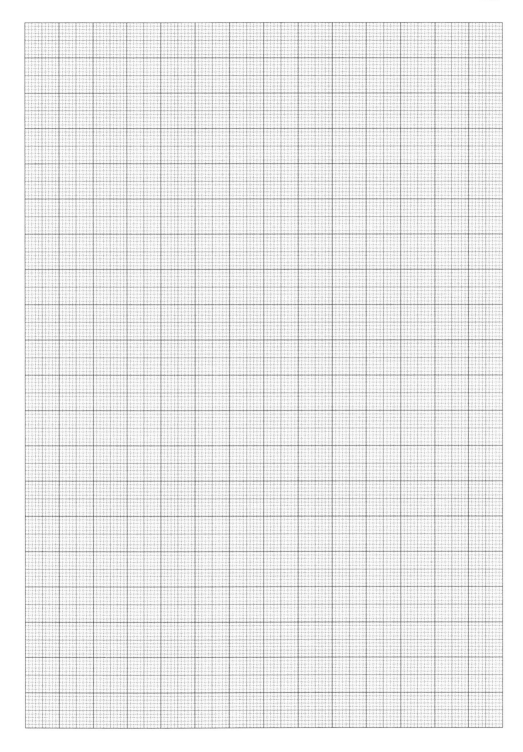

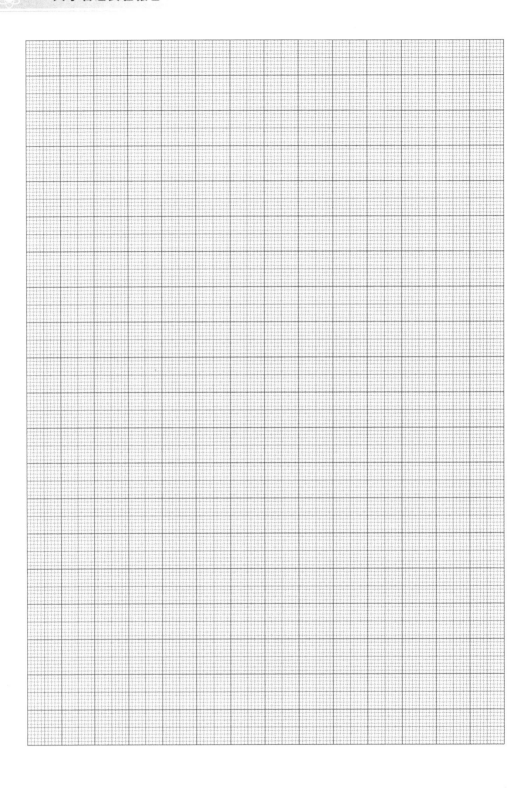

大学物理实验报告

序号	

_____学院 _____专业 _____班

学号 _____ 姓名 _____ (合作者 _____)

成绩评定	
教师签名	

实验日期 _____ 实验室 _____

实验预习		实验操作		数据处理	

实验二十二　　光导纤维中光速的实验测定

实验报告说明

   1.认真预习实验内容后方能进行实验.

   2.携带实验报告进入实验室,将原始数据记录在实验报告数据表格中.

   3.课后规范、完整地完成实验报告,并及时提交实验报告.

实验目的

实验仪器

实验原理

1. 光纤中光速测定的实验原理.

结合实验装置的方框图(见图 22-1)简要说明测定光导纤维中光速的实验技术.

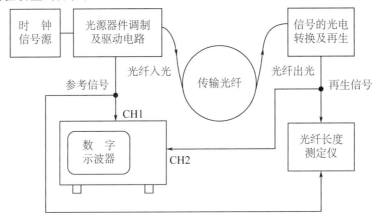

图 22-1 测定光纤中光速实验装置的方框图

2. 简述数字式光纤长度测量仪的工作原理.

写出异或逻辑电路输出的直流电平和两输入信号之间延时的关系公式(标明各个物理量代表的含义):

$V_0 =$

写出异或逻辑电路输出的直流电平和光纤长度的关系公式(标明各个物理量代表的含义):

$V_0 =$

实验操作

认真做好预习,在老师的指导下,熟悉实验仪器的操作方法,完成实验操作.

简要写出光纤信道长度的测定和双光纤法测量调制信号在光纤中的传输时间的主要步骤(同步进行):

实验数据

教师签名_____

表 22－1　双光纤法测量光速

光纤长度、延时及光速	PIN 入射光功率							
	P_1	P_2	P_3	P_4	P_5	P_6	P_7	P_8
L/m								
$\tau_1/\mu\mathrm{s}$								
$\tau_2/\mu\mathrm{s}$								
$\Delta\tau = (\tau_2 - \tau_1)/\mu\mathrm{s}$								
$v_z = \dfrac{L}{\Delta\tau}/(\mathrm{m} \cdot \mathrm{s}^{-1})$								
$\overline{v_z}/(\mathrm{m} \cdot \mathrm{s}^{-1})$								

数据处理

（注：根据光速测量结果计算本次实验的绝对误差、相对误差，写出求解过程和结果，注意结果表达的规范，请参考教材绪论部分的相关内容.）

双光纤法测量光速：

$$\Delta v_z = \frac{\sum_{i=1}^{n} |v_{zi} - \bar{v}_z|}{n} = \qquad\qquad （n \text{ 为实验测量次数}）$$

$$E = \frac{\Delta v_z}{\bar{v}_z} \times 100\% =$$

$$v_z = \bar{v}_z \pm \Delta v_z =$$

实验总结

大学物理实验报告

序号

_____学院 _____专业 _____班

成绩评定

学号 _____ 姓名 _____(合作者_____)

教师签名

实验日期 _____ 实验室 _____

实验预习		实验操作		数据处理	

实验二十三 半导体热敏电阻温度特性的研究

实验报告说明

1. 认真预习实验内容后方能进行实验.
2. 携带实验报告进入实验室,将原始数据记录在实验报告数据表格中.
3. 课后规范、完整地完成实验报告,并及时提交实验报告.

实验目的

实验仪器

实验原理

1. 半导体热敏电阻(NTC)的电阻-温度关系.
（含公式及式中各物理量的描述；电阻温度特性曲线图）

2. 惠斯通电桥测量电阻的基本原理.
（1）画出惠斯通电桥工作电路图.

（2）测量电阻原理及被测电阻结果表达式.

实验操作

认真做好预习,在老师的指导下,熟悉实验仪器的操作方法,完成以下实验操作.

1.测量负温度系数热敏电阻的温度特性曲线的主要步骤(课后整理).

2.校准半导体温度计的主要步骤(课后整理).

实验数据

教师签名＿＿＿＿＿＿

表 23－1 实验数据记录

$t/℃$									
T/K									
$\frac{1}{T}/\text{K}^{-1}$									
R_T/Ω									
$\ln R_T$									
$-\omega\%/\text{K}^{-1}$									
$N/\text{格}$									

数据处理

1. 利用表 23-1 中的数据，以 R_T 为纵坐标、T 为横坐标，作 R_T-T 温度特性曲线（注：在一张坐标纸上满纸作图，作图规范请参考教材绪论相关内容）.

2. 利用表 23-1 中的数据，以 $\ln R_T$ 为纵坐标、以 $1/T$ 为横坐标，作 $\ln R_T$-$1/T$ 的直线，求出直线斜率 B 和截距 A（截距可在求出 B 后，由直线方程 $\ln R_T = A + B(1/T)$ 算出，而不必由作图法求，以免坐标纸过大），从而求出激活能 ΔE 和各温度下电阻温度系数（注：在一张坐标纸上满纸作图，作图规范请参考教材绪论相关内容）.

$B = $ _____ K； $A = \ln R_T - \dfrac{B}{T} = $ _____；

$\Delta E = Bk = $ _____ J； $a = e^A = $ _____ Ω

3. 利用不同温度（不同电阻值）下记录的微安表向右偏转格数 N（需估读一位），作 N-T 曲线（注：在一张坐标纸上满纸作图，作图规范请参考教材绪论相关内容）.

实验总结

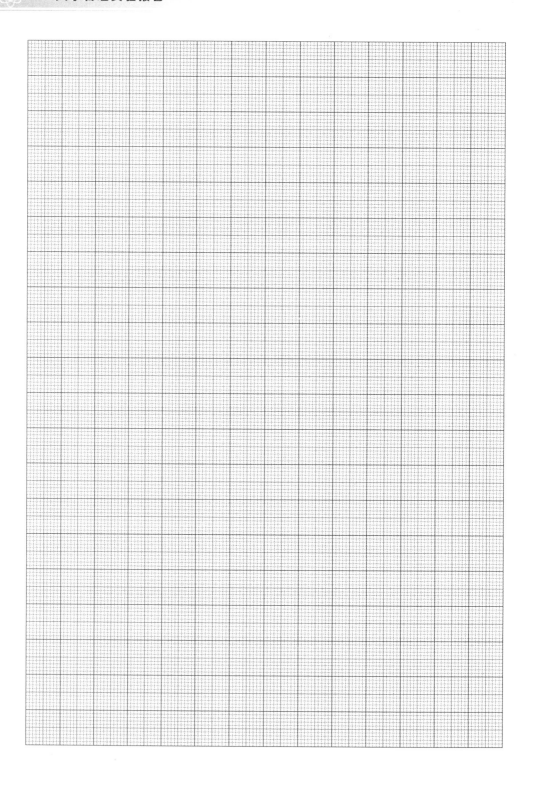

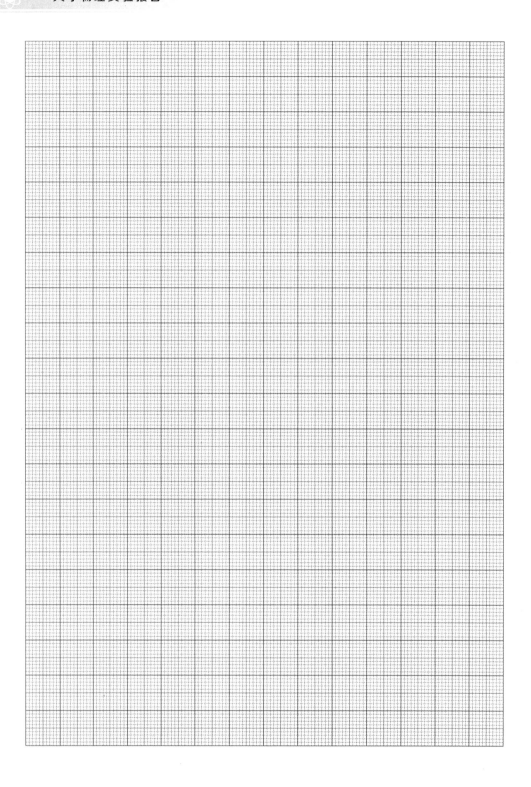

大学物理实验报告

_____ 学院 _____ 专业 _____ 班

成绩评定	
教师签名	

学号 _____ 姓名 _____（合作者 _____）

实验日期 _____ 实验室 _____

实验预习		实验操作		数据处理	

实验二十五　　电表的改装与校准

实验报告说明

1. 认真预习实验内容后方能进行实验.
2. 携带实验报告进入实验室,将原始数据记录在实验报告数据表格中.
3. 课后规范、完整地完成实验报告,并及时提交实验报告.

实验目的

实验仪器

实验原理

1. 简要描述替代法测量量程 I_g、内阻 R_g 的方法.
（画出相关电路图并简述测量方法.）

2. 将表头改装为 $1\,\mathrm{mA}$ 量程的电流表，并利用欧姆定律推导出分流电阻的计算表达式.
（画出相关电路图并写出分流电阻的计算式.）

3. 将表头改装为 $1.5\,\mathrm{V}$ 量程的电压表，并利用欧姆定律推导出分压电阻的计算表达式.
（画出相关电路图并写出分压电阻的计算式.）

4. 简述电表校准的方法.

5.根据串联分压式改装欧姆表的电路图,简述欧姆表的改装原理及方法.
(画出相关电路图并简述改装欧姆表时调零的方法.)

实验操作

认真做好预习,在老师的指导下,熟悉实验仪器的操作方法,完成实验操作,并写出仪器调整及测量过程的主要步骤(课后整理).

实验数据

教师签名_____

表头满偏电流 $I_g=$_____ μA 表头内阻 $R_g=$_____ Ω

表 25-1 电流表改装记录

待改装表头格数	待改装电表示数 I_X/mA	标准表读数 I_0/mA			误差 ΔI/mA ($\Delta I = I_0 - I_X$)
		减小格数方向	增大格数方向	平均值	
20.0	0.2				
40.0	0.4				
60.0	0.6				
80.0	0.8				
100.0	1.0				

表 25-2　电压表改装记录

待改装表头格数	待改装电表读数 U_X/V	标准表读数 U_0/V			误差 $\Delta U/V$ ($\Delta U = U_0 - U_X$)
		减小格数方向	增大格数方向	平均值	
20.0	0.3				
40.0	0.6				
60.0	0.9				
80.0	1.2				
100.0	1.5				

表 25-3　欧姆表改装记录

$E =$ _____ V，$R_{中} =$ _____ Ω

R_{Xi}/Ω	$\frac{1}{5}R_{中}$	$\frac{1}{4}R_{中}$	$\frac{1}{3}R_{中}$	$\frac{1}{2}R_{中}$	$R_{中}$	$2R_{中}$	$3R_{中}$	$4R_{中}$	$5R_{中}$
偏转格数 /div									
电源使用范围	$E_1 =$ _____ V，$E_2 =$ _____ V								

数据处理

　　1. 电流表的校正曲线图. 以改装表读数 I_X 为横坐标, 误差 ΔI 为纵坐标, 在坐标纸上作出电流表的校正曲线, 并根据最大误差的数值定出改装表的准确度等级.

　　2. 电压表的校正曲线图. 以改装表读数 U_X 为横坐标, 误差 ΔU 为纵坐标, 在坐标纸上作出电压表的校正曲线, 并根据最大误差的数值定出改装表的准确度等级.

　　3. 绘制改装欧姆表的标度盘图. 用作图纸作图, 取电阻箱的电阻为一组特定的数值 R_{Xi}, 读出相应的偏转格数. 利用所得读数 R_{Xi}、偏转格数绘制出改装欧姆表的标度盘.

实验总结

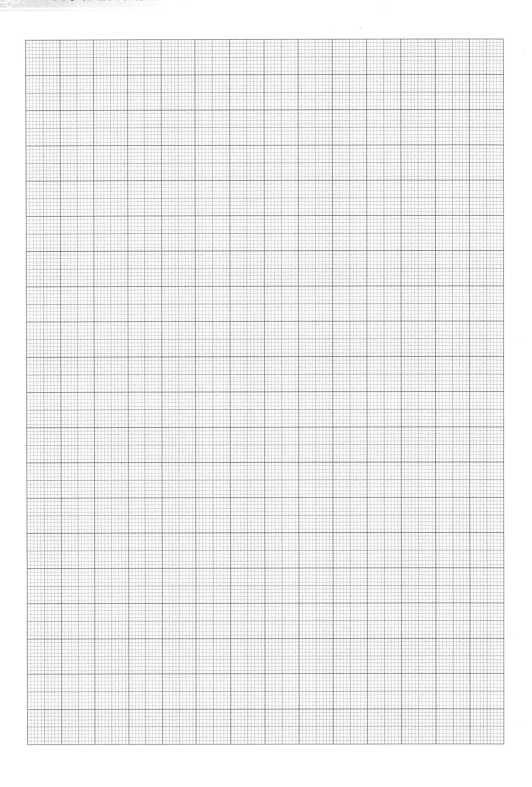

大学物理实验报告

序号 ☐

_____ 学院 _____ 专业 _____ 班

成绩评定	
教师签名	

学号 _____ 姓名 _____ (合作者 _____)

实验日期 _____ 实验室 _____

实验预习		实验操作		数据处理	

实验二十九　　液体黏滞系数的测定

实验报告说明 ▸

　　1.认真预习实验内容后方能进行实验.

　　2.实验前阅读教材附录4,学会游标卡尺、螺旋测微器等基本长度测量仪器的使用.

　　3.携带实验报告进入实验室,将原始数据记录在实验报告数据表格中.

　　4.课后规范、完整地完成实验报告,并及时提交实验报告.

实验目的 ▸

实验仪器 ▸

(注意:要求根据实验内容和实验步骤,写出液体黏滞系数实验仪的主要部件.)

实验原理

1.什么是黏滞力?

2.写出一个球形物体在黏滞液体中所受黏滞力公式.

$f =$ ①

(1)① 式中各符号分别代表什么?

(2)① 式有何限制条件?

3.在此基础上,分析一钢球在液体中自由下落时所受力及运动特征.

4.什么是收尾速度?由上述分析推导出钢球收尾速度公式.

$v_0 =$ ②

由 ② 式求出液体黏滞系数所满足公式.

$\eta =$ ③

回顾上述分析过程,明确 ③ 式受哪些条件限制.

5.本实验能否满足 ③ 式的限制条件?为什么?

6.本实验中我们如何克服此限制条件?具体方法是什么?该方法的依据是什么?

7.根据教材相关内容,画出钢球下落的时间 t 与试管的内直径倒数 $1/D$ 之间的定性关系图.

图 29－1 _____

实验操作

认真做好预习,在老师的指导下,熟悉实验仪器的操作方法,完成以下实验操作.

1.写出本实验所用的主要测量公式(课后整理),并指出式中哪些量是给定的,写出其数值;哪些量是要测量的,写出所用仪器及精度.

2.写出测量过程的主要步骤(课后整理).

实验数据

教师签名_____

表 29 - 1　钢球直径测量数据

测量次序	1	2	3	4	5	平均值
$(d_i - d_0)$/mm						$\overline{d}=$
$\mid (d_i - d_0) - \overline{d} \mid$ /mm						$\overline{\Delta d}=$
		$d_0 =$ _____ mm				

注:表中 d_0 为螺旋测微器的零点读数.

表 29 - 2　各试管直径测量数据

直径 /mm	次序					平均值
	1	2	3	4	5	
D_1						
ΔD_1						
D_2						
ΔD_2						
D_3						
ΔD_3						
D_4						
ΔD_4						

表 29 - 3　各试管上两刻线间的距离数据

试管编号	1	2	3	4	平均值
距离 s/mm					
Δs/mm					

表 29 - 4　各试管中钢球下落时间的测量数据

时间 /s	次序					平均值
	1	2	3	4	5	
t_1						
Δt_1						
t_2						
Δt_2						
t_3						
Δt_3						
t_4						
Δt_4						

$$\Delta t_0 = \frac{\Delta t_1 + \Delta t_2 + \Delta t_3 + \Delta t_4}{4}.$$

表 29 - 5　各试管内液体高度

试管	h_1	h_2	h_3	h_4	平均值
液体高度 /mm					

数据处理

1. 以时间 t 为纵坐标轴、试管直径平均值的倒数 $1/\overline{D}$ 为横坐标轴,在直角坐标系中绘出表 29 - 4 中各数据点;用一条直线拟合这些数据点,并与图 29 - 1 比较;该直线与纵轴相交截距为 t_0,从图中测出 t_0.

2. 计算收尾速度.

$$v_0 = \frac{\overline{s}}{t_0} =$$

3. 计算黏滞系数.

$$\overline{\eta} = \frac{(\rho - \rho_0) g \, \overline{d}^2 \cdot t_0}{18\overline{s}} =$$

4. 计算相对误差.

$$E = \frac{\Delta \eta}{\overline{\eta}} = \frac{\Delta t_0}{t_0} + \frac{\Delta s}{s} + 2\frac{\Delta d}{d} =$$

5. 计算绝对误差.

$$\Delta \eta = E\overline{\eta} =$$

6. 测量结果.

$$\eta = \overline{\eta} \pm \Delta \eta =$$

7. 对照教材中所附表格,将你的测量值与参考值进行比较.

8. 综合以上结果,给出简短结论.

扩展内容

实际上由于试管内液体高度有限,即使外推至 $D \to \infty$,仍无法满足 ① 式所要求的液体体积无限广延条件. 考虑到实验中液体的边界是一圆柱面,类似这种对称性良好的有限边界,可利用流体力学从理论上计算它给 ① 式带来的修正. 结果表明,对于直径为 D、高度为 h 的圆柱形液柱,钢球在其中下落所受黏滞力应该写成

$$f = 3\pi \eta v d \left(1 + 2.4\frac{d}{D}\right)\left(1 + 1.6\frac{d}{h}\right). \tag{④}$$

按照与原理部分相同的思路,可推导出此时钢球的收尾速度公式:

$$v_0 = \tag{⑤}$$

由此可得有限边界修正后的黏滞系数公式:

$$\eta = \hspace{9cm} ⑥$$

根据 ⑥ 式,利用测量数据,可以算出每根试管中液体的黏滞系数分别为

$\eta_1 = $ _____;$\eta_2 = $ _____;$\eta_3 = $ _____;$\eta_4 = $ _____

通过这 4 个测量结果之间的比较,说明 ④ 式的修正是否有效,如何判断?

通过比较这 4 个测量结果和上面外推法所得结果,说明 ④ 式的修正是否有效,如何判断?

实验总结